BEI GRIN MACHT SICH IHR WISSEN BEZAHLT

- Wir veröffentlichen Ihre Hausarbeit,
  Bachelor- und Masterarbeit

- Ihr eigenes eBook und Buch -
  weltweit in allen wichtigen Shops

- Verdienen Sie an jedem Verkauf

Jetzt bei www.GRIN.com hochladen
und kostenlos publizieren

Christoph Lubbe

Das kreative Milieu: Konzeptionelle Grundlagen und Beispiele aus Europa

GRIN Verlag

Bibliografische Information der Deutschen Nationalbibliothek:

Die Deutsche Bibliothek verzeichnet diese Publikation in der Deutschen National-
bibliografie; detaillierte bibliografische Daten sind im Internet über http://dnb.d-
nb.de/ abrufbar.

Impressum:

Copyright © 2006 GRIN Verlag GmbH
Druck und Bindung: Books on Demand GmbH, Norderstedt Germany
ISBN: 978-3-640-11453-5

Lehrstuhl für Wirtschaftsgeographie
Univ.-Prof. Dr.phil. M. Fromhold-Eisebith

Hauptseminar: Leitkonzepte der regionalen Wirtschaftsförderung und Beispiele ihrer Anwendung
Leitung: Univ.-Prof. Dr.phil. M. Fromhold-Eisebith
SS 2006

Das ‚kreative Milieu' : Konzeptionelle Grundlagen und Beispiele aus Europa

Christoph Lubbe

Inhaltsangabe

Abbildungen

1 Einleitung

Fortschreitende Globalisierung, die Osterweiterung Europas, eine stagnierende Wirtschaftslage aber auch Nachwirkungen von Strukturwandlungsprozessen sind Herausforderungen denen sich die Wirtschaft einzelner Nationen immer häufiger stellen muss.

Doch auch auf regionaler Ebene ist es unerlässlich, auf die sich ändernden Rahmenbedingungen mit einer angepassten Strategie zu reagieren.

Wo in einigen Regionen und Wirtschaftsbereichen mit zunehmender Globalisierung eine „Erosion" regionaler Netzwerke und deren Gewicht erkennbar ist, lässt sich gleichzeitig andernorts eine Gegenbewegung beobachten. Das Hervorheben von lokalen und regionalen Stärken wird zunehmend wichtiger für die Überlebensfähigkeit kleiner und mittelständischer Unternehmen in einer globalen Wirtschaftswelt (Rösch 1998, 40).

Damit Regionen in wirtschaftlich schwierigen Zeiten die aufkommenden Probleme bewältigen können, bedarf es eines ständigen Erneuerungs- und Lernprozesses. Nur durch Innovationsfähigkeit und Kreativität können neue, marktfähige Produkt- und Prozessinnovationen hervorgebracht werden (ebenda, 18f.).

Während die Regionalwissenschaft zur Untersuchung der wirtschaftlichen Entwicklung einer Region früher hauptsächlich Ausstattungsmerkmale wie Forschungs-, Bildungs- und andere Infrastruktureinrichtungen heranzog, werden seit Mitte der 80er Jahre auch andere Gesichtspunkte in die Untersuchung eingebunden (Peters 2001, 32). Wurde bis dahin der Schwerpunkt zur Erklärung wirtschaftsräumlicher Strukturen häufig auf exogene Einflussfaktoren gelegt, so bildete sich nun eine umgekehrte Herangehensweise. Es entstand der Begriff des innovativen, beziehungsweise kreativen Milieus, mit dessen Hilfe versucht wird Aspekte der Wirtschaftsstruktur einer Region unter Beachtung endogener Einflussfaktoren zu untersuchen.

So soll das kreative Milieu Aufschluss darüber geben, warum manche Regionen innovativer und erfolgreicher sind als andere, im Idealfall vergleichbare Regionen (Fromhold-Eisebith 2001/2002, 269)

Bekanntheit erlangte der Begriff des innovativen Milieus 1984 durch die Untersuchungen der französischen Forschergruppe GREMI (Groupe de Recherche Européen sur les Milieux Innovateurs). Die GREMI hat es sich zur Aufgabe gemacht die Ursachen für unterschiedliche Innovationsfähigkeit und wirtschaftlichen Erfolg von Regionen zu beleuchten und solche Regionen mit innovativ-kreativem Milieu zu identifizieren (Fromhold-Eisebith 1995, 30f.). Dabei liegt der Forschungsschwerpunkt der GREMI-Gruppe auf dem Aufzeigen von endogenen Merkmalen die bei einem Vorhandensein eines kreativen Milieus ein dichtes, informelles Kontaktnetzwerk regionaler Akteure mit sozialen und persönlichen Beziehungen, eine hohe Lernfähigkeit und ein gemeinsames, selbst-bewusstes Image mit gemeinsamen Zielvorstellungen voraussetzen.

„Das kreative Milieu ist ein regionales System persönlicher Beziehungen von Akteuren unterschiedlicher Bereiche, das von gemeinsamen Leitbildern und Zielen geprägt ist. Die Menschen und ihr soziales Verhalten, ihre Sympathien und persönlichen Präferenzen bilden die Substanz eines kreativen Milieus" (Fromhold-Eisebith 1999, 168).

Was mit den Forschungsansätzen der GREMI begann, fand seine Fortsetzung bis heute durch eine Generation neuer Forscher, welche den Milieuansatz in vielen Details verbessert und erweitert haben. Eine genaue Unterscheidung des Milieus als solchem und den Umständen, die es zu einem kreativen Milieu werden lassen ist durch die hohe Anzahl an Veröffentlichungen mit zum Teil unterschiedlicher Bewertung schwer zu definieren (Fromhold-Eisebith 1995, 32).

Nicht alle erfolgreichen Regionen verfügen gezwungenermaßen über ein kreatives Milieu. Manche Regionen „arbeiten in einem Netz von Wettbewerb/ Kooperation, innovieren aber nicht; andere innovieren ohne erkennbare lokale Kooperation" (Crevoisier 2001, 251).

In dieser Hausarbeit soll nun im Folgenden näher auf die einzelnen Faktoren eines kreativen Milieus eingegangen werden. Nach einer Klärung der grundlegenden Begrifflichkeiten soll am Ende dieser Arbeit an konkreten Beispielen aufgezeigt werden, wie und in welcher Form sich kreative Milieus verorten lassen und welche Gegebenheiten eher gegen die Ausbildung eines solchen Milieus wirken.

2. Grundlegende Begriffe

2.1. Kreativität und Innovation

Für die Entstehung von Kreativität ist ein intensiver Austausch zwischen informellen, sozialen und persönlichen Kontakten förderlich. Die Verarbeitung von Informationen aus unterschiedlichen Quellen bildet häufig die Grundlage für „Inspiration, Ideen sowie kollektive Lernprozesse" (Fromhold-Eisebith 1995, 37).

Der Begriff Kreativität steht laut Duden für „schöpferisch, Ideen habend und diese verwirklichen" (vgl. Rösch 1998, 21). Die Kreativität ist somit die Grundlage für eine neue Idee, Sache oder Denkweise – eine Innovation.

Nur durch vorherige Kreativität kann eine Innovation erst entstehen. „Kreativität ist damit auch Vorraussetzung von Innovation..." (ebenda, 21).

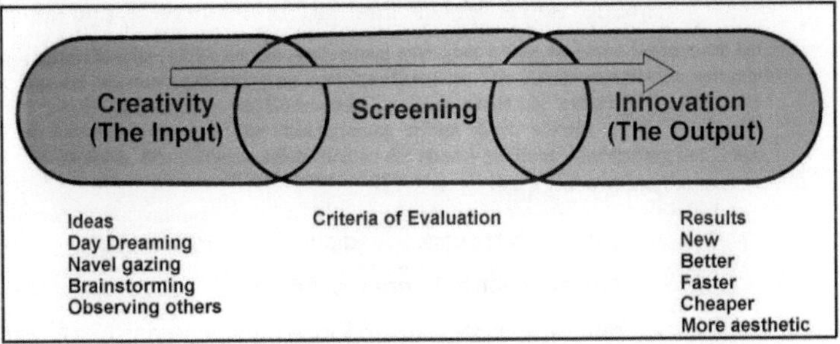

Abb. 1: Beziehung zwischen Kreativität und Innovation
Quelle: Majaro 1988, 7

Bezieht man den Innovationsbegriff auf die wirtschaftliche Ebene, so kann hier zwischen Prozessinnovation (Verbesserung, bzw. Neuerung der Produktionsweise), Produktinnovation (Verbesserung bzw. Neuerung des Produktes) aber auch Innovation einer Organisationsstruktur von Unternehmen unterschieden werden. (ebenda, 22).

Innovation ist also ein dynamischer Prozess in dem Produkte, Prozesse und organisatorische Strukturen entwickelt werden.

Die Interaktionen zwischen den verschiedenen regionalen Akteuren spielen dabei eine Ausschlag gebende Rolle. Der Transfer von Information und Wissen ist für den Innovationsprozess entscheidend (Maillat 1991, 115 f.).

2.2. Der Milieubegriff

Mit der Definition der Begriffe Kreativität und Innovation soll nun das Milieu in dem sich die Akteure, deren Wirtschaftsprozesse und das dazugehörige Umfeld bewegen, genauer erläutert werden.

R. Camagni, einer der Hauptvertreter der französischen GREMI-Forschergruppe beschrieb das Milieu folgendermaßen:

"the set, or the complex network of mainly informal, social relationships on a limited geographical area, often determining a specific external "image" and a specific internal "representation" and sense of belonging, which enhance the local innovative capability through synergetic and collective learning process" (Camagni 1991, 3).

Somit ergeben sich folgende, für ein Milieu grundlegende Eigenschaften:

- Ein Netzwerk dichter, informeller und sozialer Austauschbeziehungen auf einer
- räumlich abgegrenzten Einheit mit einem
- selbstbewussten, nach außen getragenem Image, einem
- inneren, milieubezogenen Zugehörigkeitsgefühl, einer daraus resultierenden
- hohen Innovationsfähigkeit, die noch durch eine
- hohe, kollektive Lernfähigkeit unterstützt wird.

Aus diesen Milieueigenschaften lassen sich drei Grundpfeiler erkennen, die zu einer umfassenden Erklärung des kreativen Milieus im Weiteren genauer betrachtet werden sollen:

- Netzwerke

- soziale und informell-persönliche Beziehungen

- Image, mentaler Zusammenhalt und kollektive Zielsetzungen

3. Netzwerke

3.1. Allgemein

In erfolgreichen kreativen Milieus spielen Netzwerke zwischen den einzelnen Akteuren eines Milieus eine entscheidende Rolle für die Lern- und Innovationsfähigkeit und damit den wirtschaftlichen Erfolg einer Region. Das regionale Milieu kann als eine Überlappung mehrerer Netzwerke gesehen werden, welche aus recht unterschiedlichen Personen und Einrichtungen bestehen. Die Abbildung 2 zeigt, dass das regionale Milieu eng in verschiedene Netzwerke eingebunden ist und einen wichtigen Bestandteil darstellt.

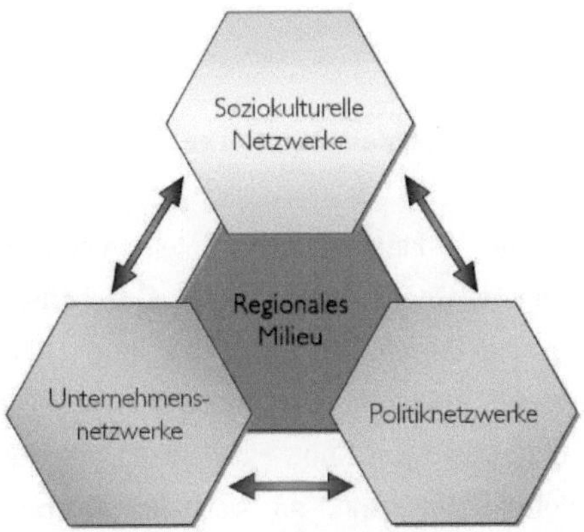

Abb. 2: Das Regionale Milieu als ein Netzwerkbestandteil, Quelle: Rösch 2000, 162

In Regionen, die von einem kreativen Milieu gekennzeichnet sind, bilden sich Verflechtungen zwischen regionalen klein- und mittelständischen Unternehmen (im weitern mit KMU abgekürzt), nationalen und internationalen Großunternehmen, Forschungs- und Bildungseinrichtungen sowie lokalpolitischen Entscheidungsträgern.

In diesen Beziehungsnetzwerken herrscht ein intensiver und offener Informationsaustausch der von gegenseitigem Vertrauen geprägt ist und Lernprozesse hervorruft, die für die Kreativität von Regionen Vorraussetzung ist.

D. Fürst definiert Netzwerke folgendermaßen: „Netzwerke sind lose gekoppelte und weit verzweigte Personenverbindungen, die auf einer auf die Bearbeitung von Sachfragen ausgerichteten horizontalen Kommunikation ohne ausgeprägte Hierarchie und ohne Zentrum basieren. Motivation und Steuerung finden durch Partnerschaft und Vertrauen unter den Beteiligten statt und der Bestand wird sowohl über ausgehandelte Ergebnisse als auch über eine ungerichtete Dauerhaftigkeit der Beziehung gesichert" (Fürst 1998, 254).

Netzwerke können auf unterschiedliche Arten entstehen und haben spezifische Funktionen.

Folgende Netzwerke sind für die Entstehung von Innovation von Bedeutung:

3.2. Unternehmensnetzwerke

Zu den Akteuren der Unternehmensnetzwerke gehören KMU, Großkonzerne, horizontale Geschäftspartner, Subunternehmer, vertikale Geschäftspartner, aber auch Konkurrenten. Alle beteiligten Akteure erhoffen sich durch einen informellen Austausch von technologischem Know-How, Ideen, Meinungen und Ansichten einen Informationsgewinn, an welchem sie ohne einen Austausch über Netzwerke nur schwerlich gelangt wären.

Besonders für die KMU aus technologie- und innovationsorientierten Bereichen spielen externe Informationsquellen eine wichtige Rolle. Eine gemeinsame Kooperation hilft Transaktions- und Informationskosten zu senken.

Auch überregionale Großkonzerne können von dem dichten Kontaktnetz der KMU profitieren. Gerade der personelle Austausch von Humankapital zwischen den Hochschulen, den KMU und den Großkonzernen schafft Anreize. Innovationsrelevantes Know-How aus der Forschung kann somit praktisch genutzt werden.

3.3. Persönliche, soziale und informelle Beziehungen

Im regionalen Innovationsprozess spielen persönliche Kontaktnetzwerke insbesondere von KMU zu F&E-Einrichtungen und politischen Entscheidungsträgern eine große Rolle. Eine Verwischung der Grenzen von Arbeitsumfeld und privatem Umfeld, durch einen Ausbau der persönlichen Beziehungen sowie durch gemeinschaftliche Aktivitäten auch außerhalb der geschäftlichen Ebene kann dazu beitragen, dass ein höherer Informationsfluss zwischen den Akteuren entsteht.

Ausgereifte persönliche soziokulturelle Beziehungsnetze sind in der Regel über längere Zeiträume entstanden und nicht künstlich herstellbar.

3.4. Personen mit besonderer Verbindungsfunktion

Eine interessante Stellung in Netzwerken nehmen Akteure ein, die aufgrund ihrer hohen Stellung und einem ausgeprägten Kontaktnetzwerk als wichtige Verknüpfungspunkte in einem

Austauschnetzwerk eines Milieus fungieren. Die Akteure gehören meist mehreren wirtschaftsfördernden Organisationen an wie die IHK, Forschungsclubs, politischen Organisationen und Behörden oder regionalen Wirtschaftsverbänden. Durch ihre meist hohe Position in der Organisationshierarchie verfügen sie über eine Entscheidungskompetenz, die es ihnen ermöglicht eine „Scharnierfunktion" zwischen verschiedenen Organisationen und Kontaktnetzen zu bilden" (Fromhold-Eisebith 1995, 38).

Milieus profitieren von solchen einflussreichen Schlüsselpersonen, da diese auf den Informationsaustausch der Individuen anregend einwirken.

Kreatives „Potential resultiert vor allem daraus, dass das Wissen jener Individuen in neuartiger, sinnvoller Kombination verknüpft werden kann, somit gute Vorraussetzungen für Inspiration und neue Ideen geboten sind" (Fromhold-Eisebith 2001/2002, 270).

3.5. Lokale und funktionale Netzwerke

Lokale Netzwerke gelten als gewachsene, künstlich schwer herstellbare Netzwerke, die von gegenseitigem Vertrauen und Anerkennung geprägt sind. Die Akteure der lokalen Netzwerke erhoffen sich durch ihren freiwilligen informellen Zusammenschluss eine bessere Planungssicherheit und bessere Innovationsfähigkeit.

Lokale Netzwerke gelten als „territorial, zeitlich und räumlich verwurzelt-immobil, also weder mobilisierbar noch sozialtechnisch herstellbar" (Butzin 2000, 154). Sie bilden sich also aus einem Zusammenschluss räumlich lokalisierter Akteure.

Das funktionale Netzwerk hingegen gilt als eine von Unternehmen oder Institutionen „bewusst gestaltete Beziehung..." mit „Netzwerkarchitekturen, die implizit oder explizit, beispielsweise vertraglich formalisiert und auf eindeutige Ziele gerichtet sind" (ebenda, 152). Räumliche Grenzen sind für funktionale Netzwerke nicht erforderlich. Sie lassen sich im Gegensatz zu lokalen Netzwerken in relativ kurzer Zeit aufbauen, aber auch wieder auflösen. Funktionale Netzwerke haben aber einen geschlossenen Charakter, das heißt es bilden beispielsweise nur bestimmte Firmenteile oder Institutionen ein Netzwerk ohne Informationsaustausch mit außen stehenden Akteuren. Während Vertreter der GREMI-Schule lokale und funktionale Netzwerke trennten, wurde diese These von neueren Forschern aufgeweicht.

Lokale Netzwerke können ebenso wie funktionale Netzwerke bestimmte Funktionen erfüllen. Ebenso können auch funktionale Netzwerke auf lokalem Raum funktionieren. Beide Netzwerktypen stehen aber „in einem

Ergänzungsverhältnis zueinander, wie Saatgut zu Saatbeet und dürfen nicht verwechselt werden" (ebenda, 154).

3.6. Innovationsnetzwerke

Das Innovationsnetzwerk umfasst alle bisher genannten Netzwerke und verbindet sie an ihren innovativen Punkten. Es hebt für ein kreatives Milieu die wichtigen innovativen Prozesse hervor und wird zu einem neuen Netz- werk, welches die innovativen Ergebnisse der anderen Netzwerkverbindungen miteinander verknüpft. In regionalen Innovationsnetzwerken bilden

die regionalen Akteure die Knotenpunkte dieses Netzwerkes. Beispiele für solche Knotenpunkte sind innovative Unternehmen, F&E-Einrichtungen, Technologietransferstellen wie Gründerzentren oder Technologieparks (Genosko 1999, 309). Durch einen regen Austausch können Probleme bei einer Zielfindung gemeinsam gelöst werden. Dabei ist das Innovationsnetzwerk ist entscheidend um innovative Prozesse in Milieus auszulösen.

Abb. 3: Innovationsentstehung; Quelle: http://www.leader-values.com

4. Soziale und informell-persönliche Beziehungen

Wie bereits in den Kapiteln 2.2. und 3.3. erläutert, stellen persönliche Beziehungen mit einem ausgeprägten sozialen und informellen Charakter ein wichtiges Element für die Charakterisierung von kreativen Milieus dar.

Solche persönlichen Beziehungen bestehen zum Beispiel zwischen Unternehmen, Forschungseinrichtungen und Behörden. Diese Einrichtungen mögen sich zwar in ihren Hauptfunktionen unterscheiden, können sich aber häufig gegenseitig ergänzen. Durch das pflegen enger, über persönliche Schienen laufende vertrauliche Kontakte kann Wissen verknüpft werden. Dadurch „ist eine hohe Chance gegeben, dass Kreativität, das heißt Ideen entstehen und relativ schnell als wirtschaftliche Innovation umgesetzt werden" (Fromhold-Eisebith, 1996, 41).

Wissenschaftliche Erhebungen haben gezeigt, dass persönliche Milieubeziehungen sich anregend auf den innovationsfördernden Technologietransfer auswirken. Bei einem Vergleich der personengebundenen Wirtschaftsbeziehungen zwischen Forschungszentren und Wirtschaftsunternehmen zeigte sich eine hohe Anzahl an Kontakten mit einem positiven Einfluss auf die Innovationsfähigkeit (ebenda, 47f.).

Erst durch informelle Vernetzung kann auch auf nicht kodifiziertes Wissen, also nicht niedergeschriebenes, abrufbares Wissen zurückgegriffen werden.

Besonders die face-to-face Kontakte, wenn sie von einem hohen Maß an Vertrauen gekennzeichnet sind, ermöglichen einen Zugang zu so genanntem „tacit knowledge" (oder sticky information), welches als personengebundenes Wissen nur schwer fassbar ist.

"Tacit knowledge ist "untradable", entsprechende Lernprozesse sind an die Interaktion in Netzwerken... gebunden" (Butzin 2000, 155).

Kreative Milieus verfügen eindeutig über ein dichtes Netz an Akteurskontakten, wobei geschäftliche und private Interessen einen fließenden Übergang bilden.

Die sozialen und informellen Kontakte erhöhen den Informationsfluss und ermöglichen einen Wissenstransfer zwischen Hochschulen und ortsansässigen Firmen, wodurch beide Seiten im hohen Maße profitieren können.

Ein solches Netz aus Milieubeziehungen ist in der Regel aus eigenem Antrieb über einen langen Zeitraum gewachsen, „weil Vertrauensbildung ihre Zeit, sowie nicht zuletzt einen gemeinsamen Erfahrungshintergrund braucht (z.B. bilden fortbestehende regionale Kontaktzirkel ehemaliger

Studien- und Arbeitskollegen gute Keimzellen)" (Fromhold-Eisebith 2001/2001, 270).

Butzin spricht daher auch von einem über „viele Jahre oder Jahrzehnte dauerndem, kollektiven Selbstregulierungsprozess, der als historische und räumlich verwurzelte *Fundsache* als *Einbettung* von Netzwerken und ihren Akteuren (Personen und Organisationen) beschrieben werden kann" (Butzin 2000, 153).

Eine Aktivierung „schlummernder", bereits vorhandener Kontakte kann auf geschäftlicher Ebene leicht erfolgen und zu kreativen Milieuvorgängen führen.

5. Image, Zusammenhalt und gemeinsame Ziele

Die engen, persönlichen Kontaktnetze in Kreativen Milieus führen zu einem hohen regionalen Gemeinschaftsgefühl. Das gegenseitige Vertrauen, ein gemeinsamer Erfahrungshintergrund und gemeinsame Aktivitäten, führen zu einer verbindenden Wertevorstellung. Regionale Akteure verfügen in der Regel auch über ein gemeinsames Regionalbewusstsein, da sie demselben sozialen Umfeld angehören.

Eine räumliche und soziale Identifikation vermittelt ein Gefühl der Zugehörigkeit zu einem Milieu. Dadurch wird ein Selbstimage erzeugt, welches nach außen hin als Fremdimage, selbstbewusst den gemeinsamen Standort repräsentiert (Rösch 1998, 35).

Maßnamen des Regionalmarketing, wie die Verwendung von Slogans und Logos festigen ein solches Image nach außen.

Abb. 4: Regionalmarketing der Stadt Aachen
Quelle: www.aachen.de

Das ausgeprägte Gemeinschaftsgefühl sorgt dafür, dass die relativ heterogene Masse der Akteure ein Milieubewusstsein ausstrahlt.

Eine gemeinsame Zielsetzung verstärkt dieses „Wir-Gefühl" noch zusätzlich und spornt die Wirtschaftsakteure zu weiterer Kreativität und Innovation an. Es entstehen Synergieeffekte, von denen besonders die wirtschaftlich schwächeren KMU profitieren können.

Für das Entstehen und Funktionieren von kreativen Milieus ist eine regionale Identität äußerst wichtig.

6. Das kreative Milieu

Bevor im 7. Kapitel anhand von konkreten Fallbeispielen versucht werden soll ein kreatives Milieu, bzw. deren Ansätze nachzuweisen, sollen zunächst die bisher aufgeführten Einflussfaktoren nochmals aufgezeigt und in einen engeren Zusammenhang gebracht werden.

Ein kreatives Milieu ist ein „räumlicher Komplex in dem Normen und Werte, sowie ein „Kapital" an sozialen Beziehungen integriert und beherrscht..." werden (Crevoisier 2001, 247).
Die Akteure in einem kreativen Milieu sind Hochschul- und F&E-Einrichtungen, regionale KMU, einige überregionale Großunternehmen sowie Behörden und Verbände.
Zwischen den einzelnen Akteuren des Milieus findet ein intensiver Informationsaustausch statt.
Der personelle Austausch zwischen den einzelnen Gruppen führt zu Wissensaustausch und Technologietransfer. Die Mobilität der Arbeitskräfte erhöht die Lernfähigkeit von- und miteinander.

Durch so genannte „knowledge networks" und einem kommunikativen, synergetischen Zusammenwirken können neu entstandene Lernerkenntnisse genutzt werden. Durch face-to-face Kontakte kann nicht kodifiziertes Wissen, in Kapitel 4 bereits als „tacit knowledge" beschrieben, nutzbar gemacht werden.
Erst durch die Anwendung der Lernprozesse innerhalb der Netzwerkbeziehungen kann Kreativität entstehen, die zu Innovation führen kann (Butzin 2000, 155).
Hier vermischt sich das Konzept des Kreativen Milieus mit dem der lernenden Region.

Weitere Faktoren kreativer Milieus sind die räumliche Nähe und die engen, persönlichen Beziehungen der einzelnen Akteure. Über geschäftliche Beziehungen hinausreichende Kontaktnetze zwischen den KMU und den F&E-Einrichtungen führen zu einem Zusammengehörigkeitsbewusstsein.

Die räumliche Verwurzelung, gemeinsame Wertvorstellungen sowie eine einheitliche Zielsetzung, schaffen ein Milieu- und Regionalbewusstsein.

Hervorgebrachte technologische Neuheiten und Innovationen schaffen ein Image, welches nach außen getragen wird. Kammern und Wirtschaftsverbände versuchen zwischen den einzelnen Akteuren zu vermitteln und Synergieeffekte in kreativen Milieus zu fördern.

Gleichzeitig aber muss ein kreatives Milieu Offenheit nach außen praktizieren. Erkenntnisse welche aus externen Kontakt- und Innovationsnetzen resultieren müssen vom Milieu aufgegriffen werden.

Allzu enge regionale Netzwerke können durch Voreingenommenheit und einem Mangel an äußeren Informationen, Kreativitäts- und Innovationsbildung behindern.

Abb. 5: Voreingenommenheit führt zu Verhinderungskoalitionen
Quelle: Ludwigs 1996, 58

Meusburger wart vor „mäßig qualifizierten, schlecht informierten oder voreingenommenen..." Netzwerken. Er sieht die Gefahr, dass zu enge Milieus „Verhinderungskoalitionen gegen kreative Menschen und längst notwendige Reformen..." verursachen können (Meusburger, 1998, 488).

Erst die Außenkontakte bieten eine Inspiration für neue Denkanstösse und können zudem neue Ideen und Innovationen liefern. Intern vernetzte Forschungseinrichtungen ermöglichen es durch externe Kontakt- und Innovationsnetze neue Technologien in die regionalen Milieus hineinzutragen (Fromhold-Eisebith 1995, 34).

Das kreative Milieu ist der Teil eines regionalen Milieus, in dem Innovationsnetzwerkbeziehungen innerhalb, als auch außerhalb des Milieus zu kreativen und innovativen Ergebnissen führen. Eine Kreativität erlangt das Milieu durch eben diese Form der Vernetzung und die Fähigkeit aus diesen Netzen Lernprozesse zu bilden, die sich in Form von kreativen und innovativen Output niederschlagen.

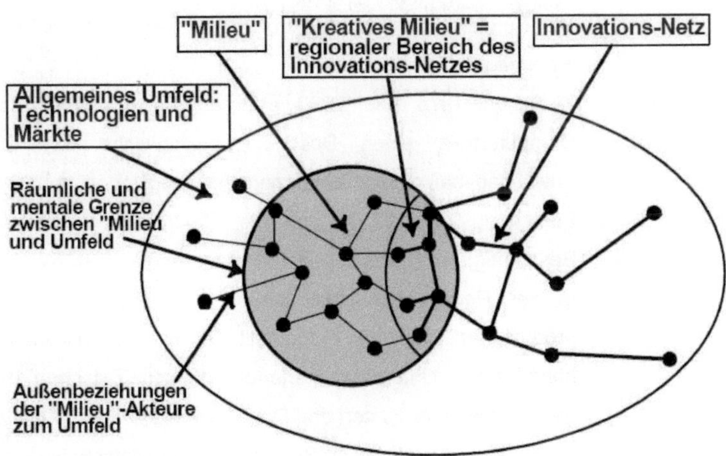

Abb. 6: „Milieu", „Kreatives Milieu" und „Innovationsnetz"
Quelle: Fromhold-Eisebith 1995, 36

7. Beispiele kreativer Milieus in Europa

7.1. Die Region Grenoble

Als ein Paradebeispiel für ein französisches kreatives Milieu gilt die Region um Grenoble. Als Teil der Rhône-Alpes Region befindet sich die Stadt Grenoble im Departement Isère.

Rolf Sternberg verfasste 1995 einen Bericht über kreative Milieus in französischen Regionen. Unter den untersuchten Regionen Paris, Grenoble und Sophia Antipolis unterstellte er das größte kreative Potential der Region Rhône-Alpes mit dem High Tech Standort Grenoble.

Die Region verfügt über eine überdurchschnittlich hohe Zahl an Beschäftigten in der High Tech Branche und ist hinter der Ile de France der zweit größte High Tech Standort Frankreichs. Alleine in der Stadt Grenoble arbeiten 10 % aller französischen Wissenschaftler und 3 % der Beschäftigten der Elektroindustrie Frankreichs (Sternberg, 1995, 205).

Die Bereiche der Mikroelektronik und der Elektrotechnik dominieren eindeutig.

Zwischen 1975 und 1990 erfuhren die Branchen Computer und Computerteile einen Beschäftigungszuwachs von 269 %. Die Zuwächse bei der Unternehmensberatung lagen bei 98 %, die der Forschung bei 17 % und die Elektrotechnik verzeichnete einen Beschäftigungszuwachs von 12 % (ebenda).

In der Region Grenoble werden etwa 30 % der in Frankreich produzierten Halbleiter hergestellt. Ein weiteres Milieumerkmal ist die hohe Zahl an Unternehmensneugründungen. Zwischen 1988 und 1992 gehörte die Isère zu den drei Departements mit der höchsten Anzahl an Firmenneugründungen im Bereich der Medizintechnik (Sternberg 1995, 206).

Die Region verfügt außerdem über eine hohe Anzahl an F&E-Einrichtungen und Hochschulen. In der Region Grenoble arbeiten 10000 Forscher, die Zahl der Studenten liegt bei 35000. Somit besteht ein beträchtliches Technologiepotential.

Eine Stärkung der Netzwerkbeziehungen zwischen den einzelnen Akteuren der Region, wird durch staatliche Forschungseinrichtungen wie das CNRS (Centre national de la recherche Scientificque) und Technologieparks wie das Inovallée unterstützt.

Das Inovallée wurde 1972 unter dem Namen ZIRST (Zone pour l'Innovation et les Realisations Scientificques et Techniques) auf Initiative der Universität und des CNRS gegründet. Es gilt als das Symbol für ein innovatives Milieu in Grenoble (ebenda). Seit 2005 unter dem Namen Inovallée – Terre d' Innovation geführt, arbeiten dort ca. 9000 Beschäftigte in 300 Unternehmen. Neben Großkonzernen wie Schneider Electronics und vielen KMU mit Start-up Unternehmen, die häufig als Spinn-offs der Hochschule hervorgingen, beherbergt das Inovallée Forschungszentren der France Telekom sowie vieler anderer Unternehmen (Inovallée, 2006).

Kritisch betrachtet Sternberg in seinem Bericht, dass es zwar intensive Kontaktnetze mit persönlichen Beziehungen im ZIRST gibt, diese sich aber bisher nur zwischen den regionalen Unternehmen und den Hochschulen entwickelt haben, nicht aber zwischen den einzelnen ZIRST Unternehmen.

Die Region Grenoble verfügt im Allgemeinen aber über eine Reihe von Merkmalen, die für eine Ausprägung eines kreativen Milieus sprechen, wenn auch nicht alle Bedingungen erfüllt werden.

7.2. Das „Dritte Italien"

Bei frühen Vertretern der GREMI-Schule wurde diese Region Italiens immer wieder im Zusammenhang mit der Erforschung innovativer Milieus genannt.

Der Wirtschaftsraum Italiens lässt sich in 3 Strukturregionen aufteilen. Der Nordwesen, mit traditionellen Großindustrien, der Süden mit einer schwach ausgeprägten Wirtschaftsstruktur und die Region des Dritten Italiens welche sich zentral, mit leichter Nord-Ost Ausrichtung erstreckt. Diese Region ist durch eine hohe Anzahl an sehr produktiven und innovativen KMU geprägt. Die Region steht für Design- und Produktionskompetenz bei Modeartikeln.
Untersuchungen von R. Camagni (GREMI) haben ergeben, dass zumindest der Teil des Dritten Italiens, wo vorwiegend KMU existieren, intensive Kontaktnetze mit Informationsaustausch bestehen. Die Erhebungen zeigen, dass durch Austauschbeziehungen über Konferenzen, Publikationen oder Clubinformationen Wissen zwischen den Unternehmen zirkulieren kann. Besonders tiefe persönch-informelle Verflechtungen wurden unter den Zulieferer - Kundenbeziehungen gefunden (Burkhardt 2003, 29).
Die vorwiegend in traditionellen Industrien tätigen KMU verfügen über ein ausgeprägtes Regionalbewusstsein und legen großen Wert auf ihre Tradition (ebenda). Daraus resultiert eine verstärkte Imagebildung die einen lokalen sowie sozialen Zusammenhalt zusätzlich stützt.
Die Erhebungen erbrachten außerdem, dass dieser regionale Zusammenhalt und die Netzwerkbeziehungen eine hohe Innovationsfähigkeit mit einem dynamischen Zusammenspiel sowie Lernfähigkeit fördern (ebenda). Die Region des Dritten Italien verfügt mit ihren intensiven Netzwerkbeziehungen zwischen den Unternehmen und einem regionalen Image über Merkmale eines kreativen Milieus. Milieutypische Faktoren, wie eine hohe Dichte an Forschungs-einrichtungen mit Innovationen im High Tech Bereich fehlen hingegen.

7.3. Cambridge

Auch der Region Cambridgeshire mit ihren anerkannten University Colleges wird ein Kreatives Milieu nachgesagt. Tatsächlich zeigen sich in dieser Region viele Faktoren die diese Vermutung stützen.

Die Region Cambridgeshire verfügt 1997 mit 37000 Beschäftigten in der High Tech Branche über einen überdurchschnittlich hohen Anteil an Arbeitnehmern in dieser Branche. Die Wachstumsrate der Beschäftigten betrug zwischen 1991 und 1997 in der Region 87 %. Der Softwarebereich mit allein über 6300 Beschäftigten prägt die Region deutlich (DETR 2000, 21). Die Studie „Cambridge Cluster Report" listet insgesamt 890 High Tech Firmen in der Region Cambridge auf (SPIEGEL-Online 2005).

Weitere wissensintensive Branchen mit hoher Beschäftigtenanzahl findet man in der Biotechnologie sowie im Hardwarebereich. Die Basis für das kreative Milieu bilden die anerkannten Colleges, die Technologieparks wie der Cambridge Science Park sowie eine große Anzahl an Forschungszentren. Zwischen der Universität sowie den Forschungs- und Technologiezentren herrscht ein intensiver personeller und informeller Austausch der kreativitätsfördernd wirkt.

In zahlreichen Gründerzentren versammeln sich Jungunternehmer, Vertreter von Großkonzernen sowie Investoren (ebenda).

Cambridge verzeichnet einen Boom an Firmengründungen, die häufig aus Spinn Offs der Colleges entstehen.

Der gute Ruf der Hochschuleinrichtungen und die Einbettung in eine mittelalterliche Stadt mit tiefen Traditionen führen zu einer milieutypischen Imagebildung und Zusammengehörigkeit. Der Begriff des „europäischen Silicon Valley" verstärkt das Image nach außen.

Der intensive Austausch von vielen unterschiedlichen Akteuren in der Region Cambridge mit den Colleges und F&E-Einrichtungen als Basis führt zu Synergieeffekten mit Lernprozessen aus denen Kreativität und Innovation resultieren.

8. Kritische Abschlussbewertung der These kreativer Milieus

Die Betrachtung konkreter Fallbeispiele macht deutlich, dass es neben einer ganzen Reihe weiterer kreativer Milieus (Euregio Aachen, schweizer Jura, Bergamo, u.s.w.) äußerst schwierig ist eine einheitliche, uniforme Charakterisierung kreativer Milieus vorzunehmen. Da es kaum eine Region geben kann, auf die alle Eigenschaften kreativer Milieus völlig zutreffen, ist die Theorie des kreativen Milieus als ein Idealfall anzusehen, an dem man Regionen auf vorhandene Faktoren eines solchen Milieus hin untersuchen kann. In der Realität muss daher von einer Vielzahl mehr oder weniger kreativer Milieus ausgegangen werden (Fromhold-Eisebith 2001/2002, 272).

Psychologen kritisieren am Milieuansatz, dass durch einheitliche Leitideen und die Eingebundenheit in Netzwerke, die individuelle, schöpferische und denkerische Freiheit beeinträchtigt werden kann (ebenda, 271).

Ein weiterer Kritikpunkt wird in der Ursache-Wirkung-Beziehung zwischen „Milieu" und Innovationsfähigkeit geäußert. Hier stellt sich die Huhn-Ei-Frage in der Form, dass Innovation durch das Milieu entsteht, ein Milieu aber erst durch Innovation entstehen kann (Rösch 1998, 49).

Für die Regionalplanung bleibt zu beachten, dass sich ein kreatives Milieu nicht einfach herstellen lässt. Durch lange gewachsene Netzwerkbeziehungen, die auf Vertrauen und einen gemeinsamen Erfahrungshintergrund beruhen, entzieht sich das kreative Milieu dem „planungstechnischen Top Down-Zugriff" (Butzin 2000, 155).

Die Regionalpolitik hat aber die Möglichkeit Vorraussetzungen und Freiräume zu schaffen, innerhalb derer kreative Milieus entstehen können.

Literaturverzeichnis :

Burkhardt, C. (2003): *Konzepte zur räumlichen Analyse von Innovationsprozessen und deren Bedeutung für die Schweiz.* Semesterarbeit, Sozioökonomisches Institut Universität Zürich, Prof. Dr. Beat Hotz-Hart, http://www.nsl.ethz.ch/IRL/raumordnung/Daten/pdfs/2004/Christian_nbs p_Burkhardt.pdf

Butzin, B. (2000): *Netzwerke, Kreative Milieus und Lernende Region - Perspektiven für die regionale Entwicklungsplanung?* In: Zeitschrift für Wirtschaftsgeographie, Bd. 44, Heft 3/4, S.149-166, Bochum

Camagni, R. (1991): *Innovation networks: Spatial perspectives*, London

Crevoisier, O. (2001): *Der Ansatz der Kreativen Milieus – Bestandsaufnahme und Forschungsperspektiven am Beispiel urbaner Milieus.* In: Zeitschrift für Wirtschaftsgeographie, Bd. 45, H. 3/4, S. 246-256, Neuenburg/Schweiz

DETR - Department of the Environment, Transport and the Regions (2000): *Planning for Clusters - A Research Report,* http://www.odpm.gov.uk/pub/674/PlanningforclustersPDF393Kb_id1144 674.pdf

Fromhold-Eisebith, M. (1995): *Das "kreative Milieu" als Motor regionalwirtschaftlicher Entwicklung. Forschungstrends und Erfassungsmöglichkeiten.* In: Geographische Zeitschrift 83, H. 1, S. 30-47, Marburg

Fromhold-Eisebith, M. (1996): *Das "kreative Milieu" –ein Förderer regionalen Technologietransfers? Erhebungsergebnisse aus den Regionen Aachen und Karlsruhe.* Arbeitsmaterialien zur Raumordnung und Raumplanung, Heft 153, Bayreuth

Fromhold-Eisebith, M. (2001/02): *Kreatives Milieu.* In: Lexikon der Geographie, Bd. 2, Heidelberg, S.269-272

Fürst, D. (1998): *Regionalmanagement als neues Instrument regionalisierter Strukturpolitik.* In: Strategien der regionalen Stabilisierung, Institut für Regionalentwicklung und Strukturplanung, Berlin

Genosko, J. (1999): *Regionale Innovationsnetzwerke und Globalisierung*
In: Die Bindungen der Globalisierung : Interorganisationsbeziehungen im regionalen und globalen Wirtschaftsraum, Marburg

Inovallée : Zirst – Terre d' Innovation. www.zirst.com

Maillat, D. (1991): *The Innovation Process and the Role of the Milieu.* In: Regions Reconsidered, New York, S. 103-117

Meusburger, P. (1998): *Bildungsgeographie: Wissen und Ausbildung in der räumlichen Dimension*, Berlin

Peters, J. (2001): *Möglichkeiten zur Förderung von kreativen Milieus in einer Kommune – gezeigt am Beispiel Erlangen, Stadt der Medizin und Gesundheit.* In: Arbeitsmaterialien zur Raumordnung und Raumplanung, Heft 206, Bayreuth

Rösch, A. (1998): *Der Beitrag kreativer Milieus als Erklärungsansatz regionaler Entwicklung – dargestellt am Beispiel des Raumes Coburg.* In: Arbeitsmaterialien zur Raumordnung und Raumplanung, Heft 179, Bayreuth

Spiegel-Online (2005):
http://www.spiegel.de/unispiegel/studium/0,1518,350164,00.html

Sternberg, R. (1995): Innovative Milieus in Frankreich – Empirischer Befund und politische Steuerung dargestellt an den beispielen Paris, Grenoble und Sophia Antipolis. In: Zeitschrift für Wirtschaftsgeographie, Bd. 39, H. 3/4, S. 199-218, München